AF475371

NOTE

DESTINÉE A MM. LES MEMBRES DU JURY DE LA CLASSE 47

PRODUITS CHIMIQUES ET PHARMACEUTIQUES

LES

RICHESSES HYDROLOGIQUES

DU DÉPARTEMENT DES LANDES

A L'EXPOSITION UNIVERSELLE DE 1878

(Pavillon des Eaux minérales, groupe V, classe 47)

ORGANISÉES AU NOM DES THERMES DE DAX

PAR LES SOINS DE

MM. LES DOCTEURS P. DELMAS ET L. LARAUZA

AVEC LE CONCOURS DE

MM. HECTOR SERRES, AUBÉ, ingénieur des ponts et chaussées
et SANGUINET, architecte de la ville de Dax.

BORDEAUX

IMPRIMERIE G. GOUNOUILHOU

11, RUE GUIRAUDE, 11

1878

LES

RICHESSES HYDROLOGIQUES

DU DÉPARTEMENT DES LANDES

A L'EXPOSITION UNIVERSELLE DE 1878

NOTE

DESTINÉE A MM. LES MEMBRES DU JURY DE LA CLASSE 47

PRODUITS CHIMIQUES ET PHARMACEUTIQUES

LES

RICHESSES HYDROLOGIQUES

DU DÉPARTEMENT DES LANDES

A L'EXPOSITION UNIVERSELLE DE 1878

(Pavillon des Eaux minérales, groupe V, classe 47)

ORGANISÉES AU NOM DES THERMES DE DAX

PAR LES SOINS DE

MM. LES DOCTEURS P. DELMAS ET L. LARAUZA

AVEC LE CONCOURS DE

MM. HECTOR SERRES, AUBÉ, ingénieur des ponts et chaussées
et SANGUINET, architecte de la ville de Dax.

BORDEAUX

IMPRIMERIE G. GOUNOUILHOU

11, RUE GUIRAUDE, 11

1878

LES THERMES DE DAX

Juin 1878.

L'ordre scientifique et méthodique suivant a été adopté pour faire connaître la valeur des richesses hydrologiques du département des Landes exposées par la Société des Thermes de Dax :

1° Exposition des échantillons de roches et de leurs fossiles appartenant aux terrains d'où émergent les sources minérales;

2° Flore thermale appartenant à certaines de ces eaux;

3° Minéraux fournis par leurs analyses;

4° Gaz qu'elles contiennent;

5° Catalogue raisonné manuscrit donnant pour chaque source sa classification, sa situation géographique et ses caractères géologiques, hydrologiques, chimiques, physiques et thérapeutiques;

6° De beaux échantillons du pin des Landes et de ses produits rappellent le caractère forestier de ce département;

7° Une carte hydrologique et géologique de l'arrondissement de Dax, le plus important des trois pour les eaux minérales;

8° Une carte climatérique faisant voir la position de Dax, au milieu d'un triangle dont les sommets sont occupés par les stations hivernales *Arcachon, Pau, Biarritz.*

9° Des photographies représentent la vue de la Fontaine-Chaude, celle du Berceau de Saint-Vincent-de-Paule, la façade principale des Thermes et la vue de ses galeries intérieures.

10° Des capsules de couleur différente désignent les eaux de chacun des trois arrondissements et l'ensemble contient des échantillons de 39 sources, minérales, simples ou de cours d'eau principaux.

La création du *grand établissement thermal de Dax* et les efforts scientifiques couronnés d'un plein succès pour faire connaître la valeur exceptionnelle de Dax comme station d'hiver très heureusement placée au milieu du triangle hivernal du sud-ouest, sont un des faits les plus importants de ces vingt dernières années, dans l'histoire même du sud-ouest médical.

Pau hivernal fut créé il y a quarante ans par trois hommes considérables : Darralde, médecin inspecteur des Eaux-Bonnes, un médecin anglais, sir Henry Taylor, et Louis, médecin de l'Hôtel-Dieu, venu à Pau pour y soigner un fils unique atteint d'une affection grave des voies respiratoires.

Vingt ans après, de célèbres financiers et la Compagnie des chemins de fer du Midi fondèrent, à *Arcachon*, la *ville d'hiver*, et quelques années plus tard les *Thermes de Dax* ont été créés. Leur aménagement spécial en vue du traitement des affections des voies respiratoires a été signalé, et enfin il a été démontré, par l'étude de ses ressources hydrologiques et des qualités de son climat, que Dax constituait à bon droit une station *unique* en Europe.

Paul DELMAS

Inspecteur du service hydrothérapique
des hôpitaux
et médecin en chef de l'institut
hydrothérapique de Longchamps,
à Bordeaux.

L. LARAUZA

Ancien membre du Conseil général
de la Gironde,
ancien interne des hôpitaux de Bordeaux,
médecin en chef des Thermes
de Dax.

LES

RICHESSES HYDROLOGIQUES

DU DÉPARTEMENT DES LANDES

A L'EXPOSITION UNIVERSELLE DE 1878

(Pavillon des Eaux minérales)

La Société des Thermes de Dax a envoyé à l'Exposition universelle, par les soins de MM. les Drs Delmas et Larauza et avec notre concours, une collection des diverses eaux du département des Landes.

Cette collection, relativement aussi nombreuse que variée, est divisée en trois groupes, correspondant aux trois arrondissements dont ce département se compose. Elle comprend donc la région dacquoise, la région montoise, et la région saint-severine

Par un hasard assez singulier, cette classification, absolument arbitraire, puisqu'elle n'est basée, dans la pensée de son auteur, que sur l'ordre administratif, se trouve à peu près justifiée par des caractères distinctifs particuliers à la généralité des eaux de chacun des arrondissements, de telle sorte qu'il y aurait une certaine concordance entre l'ordre administratif et l'ordre naturel.

Ainsi, pour ne parler que de la partie la plus importante, c'est-à-dire des eaux minérales, on remarquera que la thermalité, caractère propre aux eaux de la région dacquoise, les distingue nettement des deux autres; que la région saint-severine, qui n'a pas à proprement parler des sources chaudes, possède des eaux chlorurées sodiques qu'on ne retrouve pas dans celle de Mont-de-Marsan, laquelle, de son côté, semblerait plus riche en sources ferrugineuses que les deux autres.

D'autre part, et afin d'en faciliter l'examen, la collection a été scientifiquement divisée en huit groupes, mais la meilleure classification laissant beaucoup à désirer, nous n'y aurons pas égard, et nous les disposerons, pour plus de simplicité et de clarté, dans le rapide aperçu que nous allons en donner en six catégories nettement définies.

PREMIÈRE CATÉGORIE.

Eaux chlorurées sodiques.

1° Eau de *La Bagnère,* à Tercis.
2° id. du *Hour,* à Saint-Pandelon.
3° id. du *Puits-Salé,* à Gaujacq.
4° id. de *Biras,* à Pouillon.
5° id. d'*Arrimblat,* à Bastennes-Donzacq.
6° *Eaux-Mères* des salines de Dax.

DEUXIÈME CATÉGORIE.

Eaux sulfatées calciques et chlorurées sodiques.

7° Eau du *Bain-de-Joannin,* à Saubusse.
8° id. de *Préchacq,*
9° id. du *Roth,*
10° id. du *Trou-des-Pauvres,*
11° id. du *Groupe-du-Port,*
12° id. de *Sainte-Marguerite,*
13° id. de la *Fontaine-Chaude,*
14° id. du *Bastion,*
15° id. du *Pavillon,*
16° id. de *Séris,*
17° id. du *Puits-du-Château.*
(8° à 17°) à Dax.

TROISIÈME CATÉGORIE.

Eaux sulfureuses.

18° Eau de la *Route-de-Préchacq.*
19° id. de *Sainte-Marie,* à Gamarde.
20° id. de *Buccurron,* à Gamarde.

21° Eau de *Saint-Boès.*
22° id. d'*Eugénie-les-Bains.*
23° id. de l'*Usine-à-Fer,* à Labouheyre.
24° id. du *Bas-Guillemot,* à Morcenx.

QUATRIÈME CATÉGORIE.

Eaux ferrugineuses.

25° Eau de *Brocas,* à Mont-de-Marsan.
26° id. d'*Estigarde.*
27° id. de *Yonx,* à Lit.
28° id. du *Rancès,* à Saint-Paul-lès-Dax.

CINQUIÈME CATÉGORIE.

Eaux potables.

29° Eau des *Bornes-fontaines,* à Dax.
30° id. du *Cassourat,* à Dax.
31° id. de *Blasion,* à Saint-Paul-lès-Dax.
32° id. de *Pédémoundine,* à Saint-Vincent-de-Dax.

SIXIÈME CATÉGORIE.

Eaux courantes.

33° Eau de *La Douze.*
34° id. du *Midou.*
35° id. de *La Midouze.*
36° id. du *Luy,* à Saint-Pandelon.
37° id. de l'*Adour,* à Dax.
38° id. du *Gabas.*
39° id. du *Louts.*
40° id. du *Gave à Peyrehorade.*
41° id. du *Ruisseau-des-Landes,* au Rancès de Saint-Paul-lès-Dax.

Pour tout observateur qui compare, sous le rapport géologique, l'arrondissement de Mont-de-Marsan avec les deux autres, la pauvreté hydro-minérale qui le distingue de ceux-ci n'a rien de surprenant. Là, en effet, la croûte du globe, uniforme dans son aspect comme dans sa composition, n'offre pas ces traces saillantes du soulèvement ophitique, qui a au contraire si puissamment contribué à ouvrir sur de nombreux points des arrondissements de Dax et de Saint-Sever des voies faciles à l'essor des eaux souterraines. Ce mouvement ascensionnel de la roche plutonique qui semble avoir eu au nord l'Adour pour limite, ne pouvant s'effectuer qu'en déchirant et bouleversant les terrains de toute sorte qui lui étaient superposés, devait nécessairement y pratiquer des laboratoires où la saturation minérale des dites eaux pourrait facilement et diversement s'accomplir. C'est ainsi que peut s'expliquer la richesse hydrologique dans une partie du département et sa pauvreté dans l'autre.

Rien de plus varié, en effet, que les terrains d'une partie des régions dacquoise et saint-severine, rien qui le soit moins que celle de Mont-de-Marsan. Aussi, tandis que d'une part l'exposant n'a pu joindre que du fer limoneux à la collection, il lui a été facile d'autre part d'enrichir sa vitrine d'une foule de roches et de fossiles qui, ayant concouru d'une manière plus ou moins directe à la minéralisation des eaux, devaient logiquement leur faire cortége. Comme complément utile, il a joint à ce curieux ensemble quelques-unes des productions végétales et même minérales qui naissent et vivent dans les dites eaux, dont les dépôts eux-mêmes ont été soigneusement recueillis chaque fois qu'il y a eu lieu et que la chose a été possible.

Ce corollaire de l'exhibition hydrologique, à part l'intérêt qui lui est propre, en facilite l'intelligence et permet d'en saisir l'esprit et la portée. C'est un livre ouvert où chacun peut lire aisément et dont nous allons nous-même commencer la lecture.

PREMIÈRE CATÉGORIE.

Eaux chlorurées sodiques.

1° L'eau de la *Bagnère* de Tercis sourd dans la vallée du Luy, à travers une roche calcaire à laquelle se rapportent les fragments numérotés 120, 130 et 131. (Voir Pavillon des eaux minérales, vitrine de l'exposition hydrologique du département des Landes.) Cette roche est de formation crétacée, comme le démontrent d'ailleurs quelques-uns des fossiles qui en proviennent et qui portent les numéros 121, 122, 123, 132, 133, 134, 144, 145, 146, 147, 148, 159, 160 et 161. Ajoutons que, malgré des apparences douteuses, la source se trouve dans des conditions de gisement propres aux chlorurées sodiques; car Lyell a constaté à Tercis des alternances de craie et de tuf volcanique [1].

On voit dans la vitrine un indice caractéristique de la sulfuration. Il y figure sous le numéro 98, c'est de la *sulfuraire* recueillie à la bouche des robinets et sur les parois des baignoires.

L'eau de la *Bagnère* a été analysée en 1809 par MM. Thore et Meyrac, et en 1861 par M. Coudanne; voici le résultat de l'analyse faite par ce chimiste :

Eau	1 litre.
Hydrogène sulfuré	1cc818594
Chlorure de sodium	2g 1652
— de magnésium	0 1127
— de calcium	0 0172
Silicate de soude	0 0290
Sulfate de chaux	0 0935
— de magnésie	0 0085
Bicarbonate de chaux	0 1357
Bicarbonate de magnésie	0 0123
— d'ammoniaque	0 000813
— de lithine	traces.
— de fer	traces.
Borates	traces.
Phosphates	traces.
Alumine	traces.
Iodure alcalin	traces.
Matière organique	0 1030
TOTAL	2g 7462

(1) Lyell, *Éléments de géologie*, p. 559.

Dans un classement méthodique, elle doit donc être rangée parmi les eaux *chlorurées sodiques sulfureuses*.

La température de la source, qui paraît invariable, a été fixée à 37°5; son débit, d'après le Dr Massie, est de 97,920 litres par vingt-quatre heures.

On l'utilise très avantageusement dans le traitement du rhumatisme et avec autant de succès dans celui de certaines maladies de la peau.

A quelques pas de l'installation balnéaire se trouve un hôtel qui répond parfaitement aux convenances des malades qui ont l'habitude de fréquenter ces bains.

2° La source du *Hour* gît au pied du Pouy d'Arzet, au voisinage des ophites et des marnes irisées. Elle est distante de cinquante mètres environ d'une carrière qui fournit des matériaux pour divers usages. La variété des roches qui en constituent l'ensemble, leur arrangement particulier et leurs dispositions bizarres lui donnent un aspect singulier et des plus imposants.

L'analyse de l'eau du *Hour* a été faite par M. Dannecy, en voici le résultat :

Eau................	1 litre.
Chlorure de sodium............	14g 076
— de potassium.........	0 245
— de silicium...........	0 950
— de calcium............	0 377
— de magnésie..........	0 053
Carbonate de chaux............	0 262
Sulfate de chaux...............	0 006
Alumine et matière organique..	1 750
	17g 716

Il existe à Saint-Pandelon deux ou trois autres sources du même genre, mais aucune d'elles n'a été utilisée comme eau médicinale.

3° L'eau du *Puits* de Gaujacq, jadis propriété seigneuriale d'un revenu relativement considérable, n'a jamais tenté la thérapeutique. Toutefois, elle ne resta pas sans emploi; car, comme à Saint-Pandelon, les populations du voisinage l'employèrent de temps immémorial pour remplacer le sel dans les usages domestiques chaque fois que la substitution était possible.

Les terrains de Gaujacq ont fourni à la collection minéralogique les objets suivants : kaolin, n° 129; trois variétés de sulfate de chaux, n°s 142, 168, 169; marne irisée, n° 167; schiste rouge ferrugineux, n° 143; ophite n° 162; marne irisée avec cristaux de sulfate de chaux, n° 166.

4°. A trois kilomètres au nord de Pouillon est une source salée très purgative connue sous le nom de *fontaine de Biras*. Sa température est de 19° et le débit en a été évalué à 90,000 litres par jour.

Cette eau est très estimée des médecins de la contrée. Ils l'utilisent avec succès dans les maladies de l'estomac et du foie. Dans le pays il n'y a qu'une voix pour en proclamer les vertus. Raullin la préférait aux eaux d'Allemagne de la même classe, et à son époque il s'en faisait à Paris même une grande consommation.

La Société des Thermes de Dax l'ayant achetée, le captage en a été fait par les soins et sous la direction de MM. le Dr Larauza et Sanguinet, architecte. Les fouilles pratiquées dans cet objet, à travers un banc de gypse noir veiné de blanc, n° 261, ont amené la découverte de trois griffons de salure différente qui ont été captés séparément; maintenant, au lieu d'une source, il y en a trois.

Elles abandonnent sur les parties des parois extérieures de la fontaine qu'elles mouillent, un dépôt assez considérable de carbonate de fer oxydé, n° 248, elles en incrustent aussi les pierres, n° 138, sur lesquelles elles ruissellent.

Antérieurement à son captage, l'eau de *Biras* a été analysée par M. Dannecy, et aussi par M. Coudanne d'une manière plus complète. Voici le résultat de ces deux analyses :

Eau.............	1 litre.
Chlorure de sodium...........	8gr60
Sulfate de chaux.......... .. — de soude............. — de magnésie..........	2 43
Carbonate de chaux...........	0 21
Iodure et.... ? en quantité très appréciable............... Alumine et fer..............	0 09
TOTAL........	11g33

(Dannecy)

Gaz spontanés.

Acide carbonique..............	4cc87
Oxygène......................	1 43
Azote	93 70
	100cc00

Eau................	1 litre.
Chlorure de sodium............	5gr13513
— de potassium.........	0 03290
— de calcium............	1 02600
— de magnésium........	0 10360
Bromure de potassium.........	traces.
Sulfate de soude............ .	1 63535
— de chaux...............	1 58780
Sulfate de strontiane...........	traces.
Silice.........................	0 02500
Bicarbonate de chaux..........	0 27930
— de magnésie.......	0 12580
— de protoxyde de fer.	0 00410
Phosphate et alumine..........	0 00300
Matières organiques indéterminées.	
	9g95798

(Coudanne).

Etant donnés les services qu'elle n'a cessé de rendre et les ressources qu'elle offre à la thérapeutique, on s'étonne qu'il n'y ait pas auprès de cette source un établissement considérable en harmonie avec son importance.

Une rapide excursion dans son voisinage nous a fourni plusieurs variétés de sulfate de chaux, n°s 140, 141, 142, 154, 155, 156, 157, 158; l'aragonite n° 139, l'aragonite amorphe n° 136, la marne irisée n° 128, l'ophite n°s 251, 262, le fer oligiste n° 261.

5° L'eau d'*Arrimblat* sourd au fond d'une petite vallée, sur les bords d'un ruisseau et du chemin qui relie directement entre eux les villages de Donzacq et de Bastennes.

Elle exhale une odeur très prononcée d'hydrogène sulfuré qu'elle ne conserve pas longtemps. Elle blanchit dès le lendemain de sa mise en bouteille, mais elle reprend sa limpidité peu de temps après, sans toutefois recouvrer son odeur caractéristique.

Elle engendre de la sulfuraire à l'orifice de la canelle par où elle s'écoule, et dans le petit réservoir qui la reçoit.

Sa température est de 17° centigrades.

L'analyse en a été faite par M. O. Henry, qui lui a trouvé la composition suivante, mais en constatant que son examen avait porté sur de l'eau très altérée.

Eau .... 1 litre.	
Hyposulfite de soude	0^{g}0139
Iodure de sodium	traces.
Chlorure de sodium	0 7530
— de magnésium	0 0120
— de calcium	0 0270
Carbonate de soude	0 2410
Peroxyde de fer et matières organiques	0 0100
	1^{g}0569

En se basant sur cette analyse et tenant compte des observations qui la précèdent, l'eau d'*Arrimblat* doit être classée parmi les chlorurées sodiques sulfurées.

A une très petite distance de la source se montre le calcaire nummulitique, nos 227 et 228, d'où elle jaillit très probablement. Non loin de là sont exploitées deux variétés de calcaire, nos 229 et 230; on y exploite aussi pour les besoins de l'agriculture une marne argileuse, contenant des pyrites de fer, no 240.

L'argile rouge de Bastennes nous a fourni l'aragonite no 153 de la collection.

L'eau d'*Arrimblat* est utilisée en bains dans un petit établissement contigu à la source, mais son usage le plus fréquent est en boisson dans les cas d'inappétence et de convalescence laborieuse. Vis-à-vis l'installation balnéaire, c'est-à-dire de l'autre côté de la route se trouve la maison d'habitation.

6o Eaux minérales des salines de Dax.

L'analyse de ces eaux ne nous est pas connue, mais leur composition, selon toute vraisemblance, ne doit pas différer de celles de Salies-en-Béarn.

Elles ne sont pas monopolisées, et tous les établissements balnéaires de Dax peuvent en être pourvus.

DEUXIÈME CATÉGORIE.

Eaux sulfatées calciques et chlorurées sodiques. Boues de Dax.

1o *Bain de Joannin* à *Saubusse,* arrondissement de Dax (Landes).

L'eau du Bain de Joannin est contenue dans une grande fosse creusée au milieu d'une lande marécageuse du sein de laquelle elle jaillit.

C'est dans cette piscine absolument dépourvue de toute espèce d'abri, dont les côtés sont maintenus par des pieux et des planches, et le fonds occupé par un lit épais de boue tourbeuse, que se plongent pêle-mêle les baigneurs des deux sexes.

Tout auprès s'élève un petit bâtiment dans lequel

sont pratiquées des cellules qui servent de cabinets de toilette : à une petite distance de cette installation est une auberge qui ne lui cède pas en modestie.

La température du *Bain de Joannin* a été fixée à 33°75 par MM. Thore et Meyrac; M. Delbos lui a attribué 34° et MM. Raulin et Jacquot ont constaté qu'elle atteignait 38° en été, et qu'elle pouvait descendre à 24° au printemps [1].

L'eau de ce bain a été analysée par MM. Thore et Meyrac. 40 livres leur ont fourni, en y comprenant la matière organique, 13gr268 d'agrégat minéral, ce qui équivaut à 0,678 par litre. Or, la Statistique géologique réduit ce même agrégat à 0,328, et le *Dictionnaire des Eaux minérales* à 0,280. Il y aurait donc lieu de l'analyser de nouveau. Cette nouvelle analyse pourrait, d'ailleurs, servir à éclairer une question encore indécise et pourtant assez intéressante, celle de savoir si la source de Saubusse doit être rattachée géologiquement au groupe de Dax ; si elle ne se rapprocherait pas plutôt de l'eau Tercis; ou, enfin, si elle n'a pas son existence propre et tout à fait indépendante.

Voici le résultat de son analyse publié en 1809.

Eau................. 40 livres.	
Muriate de magnésie...............	0g956
— de soude..................	9 234
— de chaux..................	1 910
Sulfate de chaux..................	0 956
Substance savonneuse, glutineuse, jaunâtre........................	0 212
TOTAL..........	13g268

2° *Source de Préchacq*, arrondissement de Dax (Landes).

[1] Statistique géologique et agronomique du département des Landes.

La source de Préchacq « n'est pas moins curieuse, disent MM. Thore et Meyrac [1], que la fontaine chaude de Dax. » Le débit en serait même plus considérable; car ils assurent qu'il est de 45 à 50 pieds cubes par minute, ce qui équivaudrait à environ 2,500,000 litres par jour. Nous n'avons pas vérifié la chose, mais ce que nous pouvons garantir, c'est que cette source est très remarquable et qu'on regrette, après l'avoir examinée, que sa situation soit un obstacle à un développement industriel correspondant à son importance.

Elle est utilisée dans un bâtiment spacieux renfermant des piscines et des baignoires; il y a en outre deux bassins de boues thermo-minérales et végétales, analogues sinon semblables à celles de Dax. Aussi y combat-on avec succès les rhumatismes.

L'hôtellerie est suffisamment approvisionnée des choses indispensables, et les baigneurs du pays, qui seuls fréquentent ces bains, y trouvent le nécessaire.

En réunissant les observations qui ont été recueillies sur la température de cette source, on trouve qu'elle serait susceptible de varier de 47°6 à 54°.

L'eau jaillit à travers un sol argileux de formation adourienne. Sur les parois de la cavité naturellement creusée en entonnoir qui la contient, naît et croît avec beaucoup de vigueur l'*Anabaina thermalis* (n° 103) dont Thore a fait une variété de celui de la Fontaine-Chaude de Dax.

Sous la dénomination de limon (n° 201) on a exposé cette même plante dans un âge très avancé. Elle forme alors une sorte d'écume à la surface de l'eau : on l'en retire de temps en temps pour l'ajouter aux boues et afin d'en activer l'action.

(1) *Mémoire sur les Eaux et Boues thermales*, 1809.

L'eau de Préchacq a été analysée par MM. Thore et Meyrac; voici les résultats de leur analyse :

Eau................	40 livres.
Muriate de magnésie..............	2g445
— de soude	6 787
Sulfate de soude..................	6 369
Carbonate de chaux...............	0 212
Sulfate de chaux.............	5 838
Terre siliceuse......	0 318
Total..........	21g969

3° *Eaux thermo-minérales de Dax.*

Les eaux thermales de Dax se font jour à travers l'alluvion de l'Adour superposée à des roches de formation crétacée et particulièrement à la Dolomie (nos 207 et 234). L'*Ananchytes ovata* (n° 241) en provient. Il a été trouvé en nombre avec d'autres fossiles dans les fouilles opérées par M. Séris sur un terrain qui longe l'allée des Baignots, fouilles qui avaient pour objet la découverte de la source qui porte son nom et sur laquelle a été bâti son établissement.

Comme les sources chlorurées sodiques dont il a été parlé, les sulfatées calciques de Dax sont en relation intime avec l'ophite, et il est permis de supposer que leur apparition fut, comme la leur, contemporaine de son soulèvement et l'une de ses conséquences immédiates. L'ophite (n° 223) existe, en effet, associée à une glaise colorée gypsifère (n° 226) au voisinage des sources. Elle se montre de la base au sommet du Pouy d'Eoüse, monticule qui domine la ville à l'ouest.

Le *gisement de sel gemme,* lui aussi (nos 203 et 205), est très rapproché de la nappe thermale, car le puits d'extraction des salines de Dax, pratiqué au bas des remparts dans la roche sodique même, n'est pas à plus de 260 mètres de la Fontaine-Chaude.

Ces eaux sont représentées à l'Exposition par des

échantillons de neuf des principales sources de la station. Cinq d'entre elles ont été analysées, ce sont :

1° La *Fontaine-Chaude* : température 61°10. Débit 1,869,000 litres par 24 heures.

2° Le *Groupe-du-Port* : température 60°. Débit inconnu, mais considérable.

3° Le *Bastion* : température 59°4/5. Débit de 250 à 500,000 litres par jour, suivant la charge hydraulique.

4° Le *Pavillon* : température 47° à 53°. Débit de 50 à 60,000 litres par jour.

5° La *Source Séris* : température 43°. Débit 75,000 litres par jour.

N'ont pas encore été l'objet d'une étude sérieuse :

6° Le *Roth,*

7° *Sainte-Marguerite,*

8° Le *Trou-des-Pauvres,*

9° Le *Puits-du-Château.*

Lorsqu'elles ruissellent en nappes légères sur des corps résistants, les eaux de Dax les incrustent d'un dépôt où domine le carbonate de fer oxydé (n° 232).

Dans la Fontaine-Chaude, déjà si remarquable par l'importance de son débit et par sa haute température, naît et se développe en tout temps, avec une grande vigueur, le fameux *Fucus thermalis* de Secondat, *Tremella* de Thore, *Oscillatoria* d'Aghard, *Anabaina* de Bory. Les échantillons 198, 199, 200 et 209 le représentent à différents âges. Quelques caractères lui sont communs avec la plante des eaux de Néris, mais il en diffère par d'autres non moins essentiels. Étudié en 1741, avant aucune autre plante du même genre et exclusivement particulier à la Fontaine-Chaude, l'*Anabaina thermalis* constitue le type auquel doivent se rattacher toutes les variétés qu'on a étudiées ou dont on a seulement constaté l'existence depuis cette époque dans d'autres localités thermales. Il forme dans la Fontaine chaude, dont il tapisse les parois immergées, une sorte de dépôt végéto-minéral qu'on enlève tous les mois dans un but de propreté. Ce dépôt figure dans la collection sous le n° 204.

L'emploi de l'eau de la Fontaine-Chaude est relativement fort restreint. Elle sert à alimenter deux lavoirs dans l'un desquels se consomme en pure perte une grande quantité de savon. Trois ou quatre petits établissements de bains en sont tributaires pour une partie de l'eau qu'ils consomment. La plupart des boulangers s'en servent pour fabriquer le pain : les ménagères l'utilisent en vue d'économiser le combustible.

Quelques personnes, après l'avoir laissée refroidir, en font leur boisson habituelle. Beaucoup d'autres en boivent par mesure hygiénique une verrée tous les matins. Prise à petites doses, les gastralgiques en obtiennent les meilleurs effets; mais toute cette consommation est loin d'être en rapport avec le débit considérable de la source.

Le *Groupe-du-Port* est bien capté, mais il ne rend encore aucun service, si ce n'est aux rares ménages qui n'en sont pas éloignés.

Le *Bastion*, *Sainte-Marguerite*, le *Roth* et le *Trou-des-Pauvres*, appartenant aux *Thermes de Dax*, y sont utilisés. Par une prévoyance qu'on ne saurait trop louer, les deux dernières sources ont été aménagées en générateurs de boues.

Le *Pavillon* est exploité aux Baignots avec deux autres sources qui s'y trouvent.

La *Source Séris*, captée dans un bassin mesurant vingt mètres de longueur sur sept mètres de largeur, alimente les piscines de l'établissement, lequel s'est approprié, en outre, pour la faire servir aux bains de baignoires et aux douches, une des sources qui sourdent entre l'Adour et l'allée des Baignots.

La composition de ces sources étant à peu près la même, nous les ramènerons, pour la faire connaître, aux deux types principaux *Fontaine-Chaude* et *Bastion.*

Voici le résultat de l'analyse de l'eau de la Fontaine-Chaude, inséré dans la Statistique géologique du département.

Gaz spontanés.

Acide carbonique	1cc62
Oxygène	0 35
Azote	98 03
TOTAL	100cc »

Gaz en solution dans un litre d'eau.

Acide carbonique	4cc60
Oxygène	3 55
Azote	11 45
TOTAL	19cc60

Eau	1 litre.
Sulfate de chaux	0g 35320
— de magnésie	0 16957
— de soude	0 04629
— de potasse	traces
Chlorure de sodium	0 28909
Carbonate de chaux	0 08762
— de magnésie	0 01356
— de fer	traces
— de manganèse	traces
Silicate de chaux	0 03383
Phosphate de chaux	traces
Iode	traces
Brôme	traces
Matières organiques	traces
TOTAL	0g 99326

Une récente analyse, faite par M. Landri, y indique l'existence du fluor et de la lithine. La présence de cette dernière y avait déjà été préventivement signalée par M. Coudanne [1].

(1) Voir *Dax médical*, par M. A. Fauconneau-Dufresne.

Analyse de l'eau de la source du *Bastion* (Hector Serres).

Gaz spontanés.

Oxygène	0cc35
Acide carbonique	1 62
Azote	98 03
Total	100cc »

Gaz en solution dans un litre d'eau.

Acide carbonique	5cc90
Oxygène	3 40
Azote	11 40
Total	20cc70

Eau	1 litre.
Sulfate de chaux	0g35921
— de magnésie	0 16893
— de soude	0 04306
— de potasse	traces
Chlorure de sodium	0 30077
Carbonate de chaux	0 09151
— de magnésie	0 01558
— de fer	traces
— de manganèse	traces
Silicate de chaux	0 04318
Phosphate de chaux	traces
Iode	traces
Brôme	traces
Matières organiques	traces
Total	1g02224

Le produit de l'évaporation de 1,000 litres d'eau figure dans la vitrine en des flacons numérotés nos 192 et 194 pour une fraction de gaz et de 170 à 188 pour la totalité des matières fixes.

4° *Boues thermo-minérales et végétales de Dax.*

Les débordements de l'Adour, qui envahissent et recouvrent fréquemment les sources, ont donné et donnent incessamment lieu à la formation des boues dites thermo-minérales et végétales (nos 189, 191 et 217), dont l'action est si puissante. Ces boues résultent du mélange du limon déposé par le fleuve (no 190) avec le dépôt des eaux minérales, joint aux conferves qui ont vécu dans ces mêmes eaux. La conferve (nos 208 et 211) qui vit comme les mollusques (no 110) dans celles dont la température ne dépasse pas 36°, ne joue, dans la formation des boues, qu'un rôle très secondaire; le rôle principal appartient à l'*Oscillatoria Grateloupii* (no 210) qui, s'accommodant parfaitement d'une température de 40 à 59°, propre à certains réservoirs naturels, s'y développe sous l'influence des rayons solaires, avec une grande vigueur et une rapidité surprenantes.

Tels sont les éléments des boues : telle en est l'origine. Celles qui en auraient une autre s'écarteraient du type primitif auquel Dax thermal doit en grande partie sa réputation.

L'analyse la plus complète qui en ait été publiée, est due à l'obligeance de M. Guyot Dannecy, pharmacien en chef des hôpitaux de Bordeaux. La voici.

Séchées à une température de 100°, jusqu'à ce qu'elles aient cessé de perdre de leur poids, elles ont fourni :

Silice	796g51
Alumine	76 21
Protosulfure de fer	29 31
Oxyde de fer	24 68
Magnésie	16 32
Chlorure de sodium	1 29
Matière organique combustible	50 97
Iode, Brôme, Potasse très sensible, Perte	4 71
Boues séchées	1000g00

On compte à Dax dix établissements de bains : 1° les Thermes de Dax; 2° les Baignots; 3° les Bains

Romains; 4° les Thermes Séris; 5° les Bains de Saint-Pierre; les Bains d'Auguste César; 7° les Bains Lavigne; 8° les Bains Hirigoyen; 9° les Bains Sarrailh; 10° les Bains minéraux.

Ils constituent une sorte d'échelle, au sommet de laquelle sont placés les Thermes de Dax.

TROISIÈME CATÉGORIE.

Eaux sulfureuses.

1° *Source sulfureuse de Préchacq*, arrondissement de Dax (Landes).

Sur le bord du chemin qui, de Louer, conduit aux bains de Préchacq, à droite à quatre cents mètres environ à l'est de ceux-ci, il y a une source sulfureuse froide qui semble digne d'une sollicitude qui lui fait encore défaut. Très riche en principes sulfureux, en apparence du moins, et d'une fixité parfaite, au dire d'un expérimentateur compétent, elle mérite d'être captée et analysée. Pour le moment, elle est contenue dans un petit puits carré, recouvert d'une échoppe en forme de guérite qui suffit à peine pour la mettre à l'abri des eaux pluviales. Les baigneurs de Préchacq vont la boire sur place.

2° *Source de Gamarde*, arrondissement de Dax (Landes).

La commune de Gamarde possède sur les bords du Louts, à une distance de trois à quatre cents mètres environ l'une de l'autre, deux sources sulfureuses froides qui ont donné lieu à deux petits établissements, le *Buccurron* ou *Vieux-Gamarde* et *Sainte-Marie*.

Elles sourdent d'une roche calcaire (n° 240), au dessus de laquelle se rencontrent çà et là, irrégulièrement répartis au milieu des terrains sédimentaires supérieurs, des blocs plus ou moins considérables de grès quartzeux (nos 238, 239).

La source du *Buccurron,* dite du *Vieux-Gamarde,* est connue de temps immémorial. La découverte de celle de Sainte-Marie, au contraire, est récente et ne date que du 15 août 1864. L'une et l'autre ont été l'objet d'études sérieuses qui ont définitivement démontré, entre autres particularités, que l'eau du Vieux Gamarde, d'ailleurs plus minéralisée, était également plus riche en principes sulfurés que celle de Sainte-Marie.

Celle-ci a été analysée avant et après son captage ; En premier lieu par M. V. Meyrac et ensuite par M. Coudanne.

Ces deux analyses offrent entre elles un grand désaccord et, particularité fort singulière, l'eau aurait été plus chargée de principes minéraux avant qu'après le captage. Ils sont portés en effet à 1gr346740 dans la première, et à 0gr7208 dans la seconde.

Le débit de la source de Sainte-Marie est, d'après M. V. Meyrac, de 216,000 litres par vingt-quatre heures. Il y signale des traces très appréciables d'iode. De son côté, M. Coudanne, qui n'y a pas constaté l'existence de ce métalloïde, y indique des traces de bromure alcalin dont M. V. Meyrac ne fait pas mention. Nous devons faire remarquer d'ailleurs que celui-ci, bien convaincu que le captage devait en modifier la constitution, ne s'est attaché, « comme il le dit lui-
» même, qu'à rechercher et à constater soit la présence
» du soufre, soit l'état et les proportions (il les fixe
» à 0,051069 par litre) dans lesquelles il s'y trouve. »
Les autres éléments n'ayant été qu'indiqués et nullement dosés, nous ne croyons pas utile d'en donner ici la nomenclature. Nous nous bornerons donc à faire connaître le résultat de l'analyse de M. Coudanne.

Eau de Sainte-Marie... 1 litre.	
Acide sulfhydrique libre...........	0g0020
Sulfure de calcium.................	0 0493
Chlorure de sodium.................	0 3535
— de potassium.............	0 0219
Bicarbonate de chaux..............	0 1286
— de soude.............	0 0454
— de magnésie..........	0 0016
— de fer................	traces
— de lithine.............	traces
Bromure alcalin....................	traces
Silice.............................	0 0187
Silicate d'alumine.................	0 0187
Total..........	0g7210

Quant à l'eau du *Vieux-Gamarde,* il y a longtemps qu'elle a été analysée par M. Salaignac. Le travail de ce chimiste, très complet pour son époque, lui atribue une minéralisation de 1gr200 par litre.

M. le docteur Garrigou, opérant sur des quantités considérables, en fit, il y a quatre ans, une analyse remarquable dont voici les résultats :

Eau du Vieux-Gamarde. 1 litre.	
Acide sulfurique.................	0g027189
— hyposulfureux.............	0 018000
— silicique..................	notable
— carbonique................	0 162940
— phosphorique.............	0 000564
— azotique..................	notable
Soufre à l'état de sulfhydrate de sulfure alcalin..................	0 043170
Chlore..........................	0 463575
Potasse.........................	0 013529
Soude...........................	0 204682
Lithine.........................	0 000010
Chaux...........................	0 128430
Magnésie........................	0 047522
Alumine.........................	0 000189
Fer (sesquioxyde)................	0 000183
Cobalt..........................	notable
Cuivre..........................	traces

Plomb (oxyde)...................	0 000187
Arsenic........................	0 000004
Antimoine......................	traces
Matière organique..............	très sensible
Matière volatile pendant l'évaporation........................	très sensible
TOTAL..........	1g110321

D'après cet habile expérimentateur, l'eau du Vieux Gamarde se rapprocherait sous les rapports les plus essentiels de l'eau de Saint-Boès dans les Basses-Pyrénées, qui figure dans notre collection plus encore parce qu'elle confine au département des Landes, qu'à cause de cette analogie.

Exception faite de l'eau de Challes, les eaux de Saint-Boès et du Vieux-Gamarde sont les plus sulfurées des eaux connues et ne présentent, sous ce rapport comme sous celui de leur alcalinité, que des différences insignifiantes. Ces différences se traduisent en chiffres de la manière suivante :

Sulfuration calculée en monosulfure, par litre.		Alcalinité calculée en carbonate de soude, par litre.	
Saint-Boès...........	0g130	Saint-Boès..........	0g0100
Vieux-Gamarde......	0 124	Vieux-Gamarde......	0 0106

On voit, par ce petit tableau, que nous avons eu raison de dire que leur différence sous ce double rapport, était insignifiante.

Là ne s'arrête pas l'analogie, et ces deux eaux ont entre elles d'autres traits de ressemblance. Elles possèdent, par exemple, une amertume due au principe sulfuré et probablement aussi en partie à la substance volatile qu'elles empruntent sans doute aux bitumes du terrain crétacé inférieur. L'eau de Saint-Boès et l'eau du Vieux-Gamarde, ajoute M. Garrigou, paraissent posséder cette amertume spéciale à peu près au même degré.

Les eaux de Gamarde, soit du Buccurron, soit de Sainte-Marie, se conservent indéfiniment en bouteille et se recommandent pour l'exportation.

Elles sont souveraines pour les maladies de l'estomac, les gastrites et les gastralgies chroniques, les affections organiques de la poitrine, les fièvres intermittentes rebelles sous l'influence d'une infection paludéenne, etc.

On les utilise aussi à l'extérieur en lotions et en bains dans les maladies de la peau.

La petite station de Gamarde n'est guère fréquentée que par les habitants du pays. A quelques pas des buvettes et des bains sont deux hôtelleries où ils trouvent le nécessaire.

3° *Saint-Boès.*

Les eaux de Saint-Boès, si avantageusement utilisées dans le traitement du catarrhe chronique simple ou compliqué des bronches, du poumon, de la phthisie et de la blennorrhagie, ont été analysées par le docteur Garrigou, qui en a groupé les éléments de la manière suivante :

Eau	1 litre.
Acide carbonique libre	0g1300
— sulfurique	0 0571
— formique	0 0048
— acétique	indiqué
Chlore (resté après la combinaison de cette substance avec les autres éléments)	0 0052
Sulfate de chaux	0 5640
— de magnésie	0 0852
— d'alumine	0 0039
— de potasse	0 0370
— d'ammoniaque	0 0046
Silicate de soude	0 0156
Bicarbonate de chaux	2 0632
Chlorure de calcium	0 1926

Chlorure de strontiane..........	0g0120
— de sodium............	0 0940
Oxyde de fer...................	0 0004
— de manganèse...........	0 0007
Lithine.......................} Iode...........................}	très sensible
Matière extractive par l'alcool variable, de.......... 0 0041 à	0 0064
Huile de naphte très variable, de........... 0 0052 à	0 0099
Matière organique totale........	0 1580
TOTAL..........	3g4455

L'eau de Saint-Boès, étant froide à la source, voyage sans la moindre altération et semble naturellement destinée à l'exportation. Aussi n'a-t-elle donné lieu à aucun établissement. La source appartient à M. J. Thore de Dax.

4° *Eugénie-les-Bains*, arrondissement de Saint-Sever (Landes.)

Les eaux d'*Eugénie-les-Bains* (jadis de Saint-Loubouër) sont connues de temps immémorial. Déjà sous Henri IV elles avaient été comprises dans le service de l'intendance et visitées par un inspecteur général. L'an 1750, Saint-Loubouër voyait reconstruire son établissement thermal, et, huit ans après, le Dr Lafaille publiait une notice sur ses eaux.

De nos jours, MM. Marrast, Bergeron Alexandre et O. Henry, les ont tour à tour et simultanément analysées. Enfin le Dr Réveil en a fait sur les lieux mêmes une étude des plus sérieuses, qui dispense et dispensera d'y revenir. Avec la publication de son remarquable et consciencieux travail, coïncide la transformation de l'ancienne station.

Elle possède aujourd'hui trois établissements :

1° Les thermes Saint-Loubouër;

2° Les Bains du Bois;

3° Les Bains Nicolas.

La plupart des appareils que l'hydrologie moderne est en mesure d'offrir à la médecine s'y trouvent réunis.

D'après MM. Raulin et Jacquot, « les sources » d'Eugénie-les-Bains, au nombre de sept, sont des » fontaines artésiennes naturelles, qui ont leur point » d'émergence dans les assises supérieures de la craie » et qui arrivent à la surface du sol au moyen de » fissures existant dans les marnes miocènes lacustres. »

Quatre d'entre elles appartiennent à l'établissement principal : ce sont les sources *Saint-Loubouër, Amélie, des Près, Léon Dufour*. Le débit de Saint-Loubouër seul atteint 80,000 litres par vingt-quatre heures.

L'établissement du *Bois* ne dispose que d'une source débitant 12,460 litres.

L'établissement *Nicolas* en possède deux, dont une seule importante. Son débit est de 14,400 litres.

Le volume total d'eau débité par les sources de la station est évalué à 123,456 litres.

Toutes ces sources présentent une grande analogie de composition : leur température varie de 15° jusqu'à 19° 1/2 centigrades.

Saint-Loubouër étant de beaucoup la plus importante et d'un usage nécessairement plus étendu que les autres, nous nous bornerons à faire connaître le résultat de son analyse, tel qu'il se trouve dans la Statistique géologique.

Eau .... 1 litre.	
Sulfure de calcium................	0g 003433
— de fer......................	traces
Hyposulfite de chaux...............	0 003610
Chlorure de sodium................	0 024861
— de potassium.............	traces
Sulfate de chaux..................	0 011679

Silicate de soude	0g035200
— de chaux	traces
Iodure de sodium..................	traces
Chlorure de calcium..............	traces
Carbonate de soude................	0 084660
— de lithine	traces
— d'ammoniaque............	0 000636
Bicarbonate de chaux..............	0 072138
— de magnésie..........	0 048320
Arséniate de soude................	traces
Phosphate de chaux...............	traces
— de magnésie.............	traces
Borate de soude	traces
Matières organiques................	0 037000
TOTAL..........	0g322537

Les eaux d'Eugénie sont administrées à l'extérieur sous les formes les plus variées. On les utilise aussi en boisson, à des doses modérées. Sous cette dernière forme, dit le Dr Magnié, elles ouvrent l'appétit, facilitent les digestions et tonifient l'économie tout entière. A des doses un peu élevées, elles sont légèrement laxatives, très diurétiques et un peu excitantes. Ellés rendent des services dans les gastrites chroniques et les entérites, comme dans les cachexies paludéenne, syphilitique, invétérées. C'est surtout contre l'élément catarrhal et au début de la phthisie tuberculeuse que les eaux d'Eugénie seront administrées avec succès.

Il serait trop long, ajoute M. le Dr Magnié, d'entrer dans les détails de toutes les maladies traitées à Eugénie-les-Bains. Contentons-nous d'énumérer, en ontre de celles ci-dessus indiquées, le rhumatisme et la goutte, les maladies graveleuses et calculeuses, les affections intestinales, les maladies du foie, la cystite chronique, la scrofule, la pellagre, les cachexies de tout genre, etc.

Il y a à Eugénie-les-Bains, au milieu d'un parc de dix hectares, et à portée des établissements de bains dont ils dépendent, deux hôtels : l'hôtel du Grand Établissement et l'hôtel du Bois.

A *Labouheyre,* arrondissement de Mont-de-Marsan, il y a, d'après M. Genreau, près de l'usine à fer, une source sulfureuse froide; elle est peu connue, encore moins usitée et n'a pas été analysée.

Au *Bas-Guillemot* de Morcenx, arrondissement de Mont-de-Marsan, il y a une petite source qui, d'après MM. Jacquot et Raulin, laisse précipiter du soufre. A peine connue des habitants, et sans usage, elle n'a pas été analysée.

QUATRIÈME CATÉGORIE.

Eaux ferrugineuses.

1° L'eau de *Brocas* à Mont-de-Marsan, n'a pas été analysée, mais elle est exploitée en bains dans un petit établissement. Elle sourd, non loin de la route de Brocas, à la sortie du faubourg de Campet, au contact des sables fauves ferrugineux qui la minéralisent. Elle est froide.

2° Sous le pont, à *Estigarde,* Mont-de-Marsan, est une source ferrugineuse, froide, sans usage.

3° Source de *Yonx,* à Lit, arrondissement de Mont-de-Marsan.

Le nom de Yonx est évidemment d'origine anglaise et il prouve que l'eau dont il va être dit quelques mots, était connue et utilisée au temps où les Anglais étaient maîtres de l'Aquitaine.

En anglais, en effet, *Yon* signifie là, là-bas. Or, la première fois qu'il fut question de la source, le lieu étant innommé, on dut nécessairement dire : la source de Yon, c'est-à-dire la source qui est là, là-bas, et tout aussitôt l'usage prévalut et on continua : à dire l'eau de Yon, ou de Yonx.

Thore, dans sa promenade sur les côtes du golfe de Gascogne, parlant avantageusement des sources d'eau ferrugineuse de la contrée, en met deux en relief. « Elles » n'ont besoin, dit-il, que d'être mieux connues pour » jouir de quelque célébrité. Telles sont, par exemple, » celle du moulin de la Brette et celle de *Yonx*, qui » sourd des sables, où elle se perd à vingt pas de là » et qui est située dans une Lète dont elle a pris le » nom. Cette dernière source est très estimée parmi le » peuple des environs. Elle a la propriété de toutes les » eaux ferrugineuses, et elle est très bien indiquée pour » rétablir les estomàcs délabrés, et dissiper les engor- » gements des viscères abdominaux, qui ne sont pas » peu communs parmi les habitants des Landes. »

Nous avons retrouvé dans notre carnet d'excursions des détails qui la concernent, ainsi qu'une simple analyse que nous en fîmes il y a une quinzaine d'années. En voici le résumé :

Il y avait alors à Yonx trois sources distantes d'environ vingt pas l'une de l'autre, mais notre examen ne porta que sur la plus abondante. Elle abandonne un dépôt considérable de sesquioxyde de fer dont l'aspect velouté, soyeux, frangé, est dû à la présence d'une conferve qui occupe particulièrement les bords de la cavité d'où la source jaillit. Cette conferve se compose de filaments simples, fistuleux, non cloisonnés, mais qui, en vieillissant, semblent s'articuler et devenir moniliformes, caractère propre au genre *Oscillatoria*.

Cette eau est limpide, incolore, inodore; douée d'une saveur franchement atramentaire. Embouteillée et bouchée, elle noircit assez vite le liége.

Son titre hydrotimétrique est de 3°25.

Sa composition pour un litre peut être représentée comme il suit : acide carbonique libre, 0,0025.

Chlorures divers....................	0g0148
Carbonate de fer et de chaux.......	0 0127
Total..........	0g0275

Il y a, tout auprès de la source, le germe d'une petite station qui consiste en une maison en bois de minime importance. Si les stations même les plus célèbres n'avaient pas commencé de la même manière, par des établissements tout aussi modestes, on pourrait préjuger défavorablement de l'avenir de Yonx, et en conclure qu'il est définitivement réalisé.

C'est au mois de septembre ordinairement, que les habitants du pays, anémiques et autres, se donnent rendez-vous auprès de cette source pour en faire usage. Ils y associent en général celui des bains de mer.

4° Au *Rancès* de Saint-Paul-lès-Dax se trouve une source ferrugineuse qui a été découverte en creusant un fossé. Elle sourd au pied d'un tout petit monticule où se rencontrent diverses roches ferrugineuses. Les n°s 246, 256 et 257 de la collection en proviennent. Elle n'a pas été analysée; mais sa saveur caractéristique et le dépôt d'oxyde de fer qu'elle forme ne laissent aucun doute sur la nature de sa minéralisation.

CINQUIÈME CATÉGORIE.

Eaux potables.

Les eaux potables de Dax, sans être très abondantes, sont de fort bonne qualité.

Les *Bornes-fontaines* sont des dérivations ou ramifications d'un tronc principal, concentré jadis dans une fontaine appelée de la *Cathédrale*. La source qui les alimente est située à un kilomètre de la ville, en deçà du chemin de fer de Puyôo. Il ne serait pas impossible, par des travaux peu coûteux, d'en accroître le débit.

Son titre hydrotimétrique n'est pas suspect; il la recommande au contraire, car il est de 9°50. Celui de l'eau du *Cassourat*, plus recherchée à cause de sa plus grande fraîcheur et aussi parce qu'elle est soustraite aux petits accidents qui atteignent l'autre, n'est pas moins rassurant; il est de 12°75. Voici d'ailleurs leurs analyses, telles qu'elles sont résumées dans la Statistique géologique du département.

Eau.......... 1 litre.	Cassourat.	Bornes-fontaines.
Carbonate de chaux.......	0g0746	0g0437
Sulfate de chaux..........	0 0126	0 0280
Chlorure de magnésium...	0 0387	0 0270
	0g1259	0g0987
Acide carbonique.........	2cc25	

Celles de la banlieue sont, dit-on, encore meilleures. Il en a été exposé deux types principaux, provenant de deux points opposés, l'un au nord-est, l'autre au sud-ouest, à une égale distance (3 kilomètres environ) de la ville. Il serait même question d'y amener l'une d'elles et un projet a été présenté dans ce but au Conseil municipal, par deux ingénieurs chargés d'en étudier la possibilité pratique. Leur titre hydrotimétrique présente une différence notable, qui trouve son explication dans une des principales conditions d'existence ou de régime propre à chacun.

Du côté de la rive droite de l'Adour, en effet, les eaux sourdent au contact des *roches calcaires marines* (n° 236), des *faluns riches en polypiers* (nos 235, 242, 243, 244, 245, 255, 263) et en *coquilles* (n° 115).

Sur le versant opposé, elles occupent le même niveau, mais le terrain en est absolument sableux et repose sur un banc d'argile imperméable sur laquelle les eaux n'ont aucune espèce d'action. Des *calcaires,* des *faluns* (n° 253) y existent bien certainement; mais séparés des eaux par le banc d'argile, ils n'ont aucun rapport avec elles : aussi, tandis que l'eau du *Blasion* à Saint-Paul-les-Dax (rive droite) titre 17°, celle de *Pédemoundine*, à Saint-Vincent (rive gauche) ne donne que 7° à l'hydrotimètre.

SIXIÈME CATÉGORIE

Eaux courantes.

L'*Adour* est le plus considérable des cours d'eau qui traversent le département des Landes; il y entre à Aire, et de ce point jusqu'à Dax il reçoit de nombreux affluents qui en modifient le régime.

La moyenne du titre hydrotimétrique de l'eau de ce fleuve, résultant de soixante-sept essais, a été trouvée de 8° 7/10. Ces essais ont été faits régulièrement, sauf quelques rares exceptions, de huit en huit jours, sur de l'eau puisée au même point, soit au centre de l'arche marinière du pont de Dax, du 31 octobre 1865 au 6 mars 1867. Avant de les entreprendre, nous en avions fait un le 1er septembre 1865, en amont de Bagnères-de-Bigorre, entre le pont de Gerde et la première borne kilométrique, nous ne lui avions trouvé que 6° 7/10. Nous avons dû nécessairement en conclure, après les avoir comparés entre eux, que si les affluents de la rive droite tendaient à en réduire le degré, ceux de la rive gauche, au contraire, plus chargés de matériaux, produisaient un effet opposé qui l'emportait sur les premiers.

Dans le cours de tous ces essais, il a été constaté d'une manière générale, que le degré diminuait en raison inverse du niveau, c'est-à-dire que plus l'Adour est haut, moins en est élevé le titre; ce qui s'explique par l'affluence des eaux pluviales et leur vitesse, qui, d'autant plus grande qu'elles sont plus abondantes, ne leur laisse pas le temps d'emprunter à la terre des matériaux plus ou moins solubles, tandis qu'elles se chargent de ceux qui ne le sont pas. Ces matières suspendues constituent le limon fertilisant (n° 196) que le fleuve dépose en dehors de son lit sur les terres qu'il submerge de temps à autre. Il charrie, en outre, en le jetant tantôt à droite, tantôt à gauche, un sable (n° 212), très estimé et très employé pour la bâtisse. Il semble tenir autant du sable arène que du sable cristallin et il ne serait peut-être pas irraisonnable de lui attribuer une double origine. On dit qu'on y observe encore, comme au temps de Pline et de Strabon, des pépites et des paillettes d'or, mais ce qu'il y a de plus certain c'est que l'Adour nourrit quelques mollusques (n° 110 B), et un grand nombre d'espèces de poissons. La pêche de l'alose y donne même, entre autres, de fort beaux résultats.

L'eau titrant 9° a donné à l'analyse, pour un litre :

Carbonate de chaux	0g0669
Chlorure de magnésium	0 0090
TOTAL	0 0759

En plus, acide carbonique libre, 7cc50.

Analysée dans une autre circonstance, par un procédé différent, on lui a trouvé la composition suivante :

Poids du résidu sec de 1000 grammes d'eau = 0g169

Carbonate de chaux	0g063
Sulfate de chaux	0 022
Chlorure de calcium / — de magnésium / Nitrates des mêmes	traces
Chlorure de sodium / Sulfate de magnésie / Nitrate de soude	0 037
Silice	0 037
Matière organique et eau du sulfate de chaux	0 009
TOTAL	0g168

Des essais hydrotimétriques faits récemment sur les eaux de la *Douze*, du *Midou* et de la *Midouze*, ont donné à Mont-de-Marsan 9°50, 16° et 7°50. La Midouze à Tartas a marqué 6°20. Enfin, le *Luy* a fourni de 11° à 14°.

Le *Gabas*, grand ruisseau naissant dans les Pyrénées, entre dans l'Adour en amont de Mugron.

Le *Louts*, qui prend aussi naissance dans les Basses-Pyrénées, atteint l'Adour à Hinx.

Le *Gave*, à Peyrehorade est formé des Gaves de Pau et de celui d'Oloron. Il titre 10° hydrotimétriques.

L'eau du ruisseau de *Rancès*, à Saint-Paul-lès-Dax, fait mouvoir plusieurs moulins et notamment celui de *Cabannes*, si connu des géologues, à cause des nombreux et beaux fossiles qui s'y trouvent; titre 1°50.

Bordeaux. — Imp. G. Gounouilhou, rue Guiraude, 11.

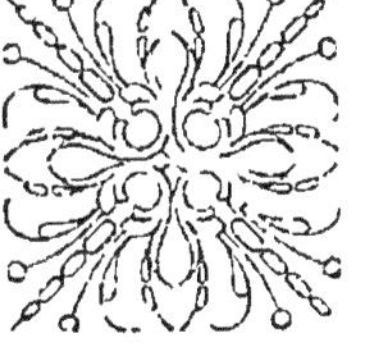

www.ingramcontent.com/pod-product-compliance
Ingram Content Group UK Ltd.
Pitfield, Milton Keynes, MK11 3LW, UK
UKHW021026200726
13857UKWH00004B/1602

9 782012 936218